RECHERCHES

SUR

LA PEPSINE

PAR

A. PETIT

Licencié es sciences physiques, médaille d'argent des hôpitaux
Grand prix (médaille d'or) de l'École de pharmacie
Membre de la Société chimique et de la Société de thérapeutique
Membre honoraire des Sociétés de pharmacie de la Grande-Bretagne
et de Varsovie
Président de la Société de pharmacie de Paris.

PARIS

G. MASSON, ÉDITEUR

LIBRAIRE DE L'ACADÉMIE DE MÉDECINE

120, Boulevard Saint-Germain, en face de l'École de Médecine

M DCCC LXXXI

RECHERCHES

sur

LA PEPSINE

RECHERCHES

SUR

LA PEPSINE

PAR

A. PETIT

Licencié ès sciences physiques, médaille d'argent des hôpitaux
Grand prix (médaille d'or) de l'École de pharmacie
Membre de la Société chimique et de la Société de thérapeutique
Membre honoraire des Sociétés de pharmacie de la Grande-Bretagne
et de Varsovie
Président de la Société de pharmacie de Paris.

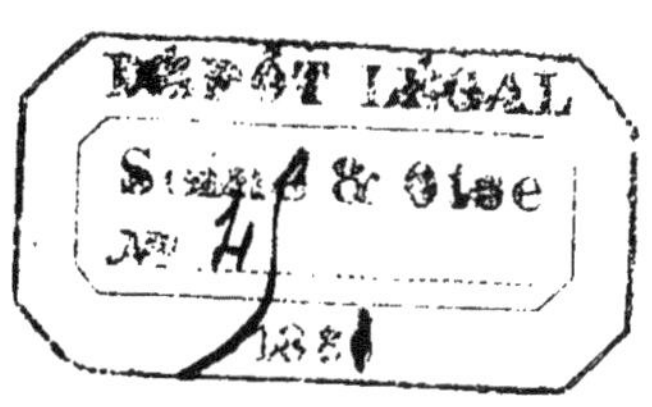

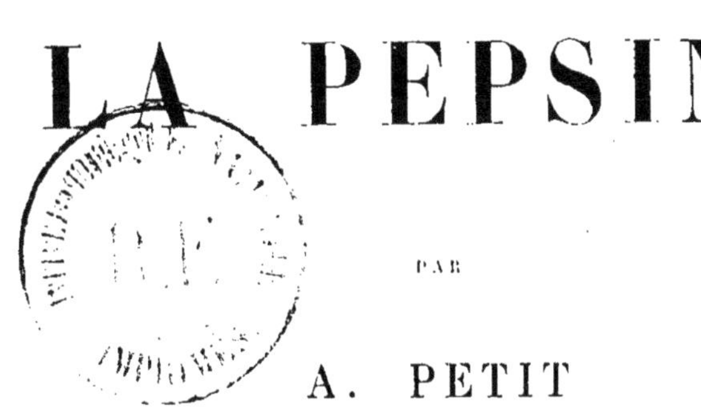

PARIS

G. MASSON, ÉDITEUR

LIBRAIRE DE L'ACADÉMIE DE MÉDECINE

120, Boulevard Saint-Germain, en face de l'École de Médecine

M DCCC LXXXI

RECHERCHES

SUR

LA PEPSINE

La pepsine est le ferment qui opère la transformation stomacale des aliments albuminoïdes. Elle les rend solubles, assimilables et leur communique des propriétés particulières qui permettent de les distinguer des composés primitifs.

L'action du suc gastrique sur les aliments avait été mise en évidence par les recherches de Réaumur et Spallanzani. Mais on avait pensé qu'elle était due à l'acide qu'il renferme.

Eberle et Muller virent que l'acide seul était insuffisant pour expliquer les phénomènes produits, et les attribuèrent à l'action combinée de l'acide et d'un produit spécial sécrété par l'estomac.

Schwan lui donna le nom de pepsine (de $\pi\acute{\epsilon}\pi\tau\omega$, cuire, digérer).

C'est Wasmann qui, en 1839, isola le principe actif et donna un procédé régulier de préparation.

Les travaux de Vogel, de Bidder et Schmidt, de Deschamps d'Avallon, de Payen, de Mialhe, de Brucke, de Boudault élucidèrent la question et permirent à M. L. Corvisart d'introduire la pepsine dans la thérapeutique (1851-1854).

Dès 1846, dans un mémoire présenté à l'Académie des sciences, M. Mialhe avait expliqué avec la plus grande netteté les phénomènes de la digestion des substances azotées sous l'influence de la pepsine.

Ses opinions, vivement discutées au moment où elles ont paru, sont aujourd'hui acceptées par tous les savants qui ont étudié cette intéressante question.

Les aliments azotés, albumine, fibrine, caséine, soumis à l'action combinée de la pepsine et d'un acide, sont transformés d'abord en un composé nommé albumine caséiforme par M. Mialhe, et, plus récemment, syntonine, puis en une autre substance, produit ultime de la digestion stomacale des matières albuminoïdes, l'albuminose de Mialhe, la peptone de Lehmann. Selon leur provenance, ces peptones, bien que très probablement isomères, sont différenciées les unes des autres par leur action sur la lumière polarisée.

M. Henninger pense qu'elles sont formées par

l'hydratation des matières albuminoïdes, et comme elles se combinent indifféremment aux acides et aux bases, il les considère comme des acides amidés faibles.

Je ne citerai que pour mémoire la théorie de Meissner, qui divisait les produits de transformation des matières albuminoïdes en parapeptones, métapeptones, dyspeptones et peptones α, β, et γ. Elle n'est plus acceptable dans l'état actuel de la science.

Les caractères essentiels des peptones sont de n'être précipitées ni par saturation des liqueurs acides qui les tiennent en solution, ni par l'acide azotique, ni par le cyanoferrure de potassium additionné d'acide acétique. Elles sont, de plus, solubles dans l'eau. même après avoir été précipitées de leur solution aqueuse par un excès d'alcool. L'essai par l'acide azotique a une importance capitale, ainsi qu'on le verra par la suite. Il permet, en effet, de voir rapidement si la transformation est plus ou moins avancée. Quand l'addition d'acide azotique, ajouté goutte à goutte à une solution peptique d'albumine, ne donne plus de précipité, on peut en conclure que toute l'albumine est transformée en peptones. Le remarquable rapport sur la pepsine, présenté en 1865 par M. Guibourt, à la Société de pharmacie, n'avait pas suffisamment mis en lumière l'importance de cette réaction.

M. Guibourt pensait que la solution de la fibrine était suffisante, et nous voyons que 1 gramme de pepsine, préparée par la commission, en présence de 0^{gr},40 d'acide lactique pour 20 grammes d'eau, avait fort incomplètement modifié 12 grammes de fibrine après douze heures de chauffage à 40-45°. La solution était, en effet, à demi gélatineuse et précipitait fortement par l'acide azotique.

Assurément, aujourd'hui nous considérerions cette pepsine comme étant de médiocre qualité.

Nous examinerons tout à l'heure quelles sont les meilleures conditions de la transformation peptique, soit au point de vue de l'acide, soit au point de vue du ferment, mais il faut, dès à présent, insister sur la nécessité de se placer dans des conditions bien déterminées quand on veut étudier soit l'action de la pepsine, soit les phénomènes de la digestion. C'est en manquant à cette règle que l'on a fini par introduire une si grande confusion dans cette question.

Qu'on lise certains livres autorisés, et on sera tout surpris de voir que dans les expériences rien n'a été rigoureusement déterminé.

L'acidité de la liqueur, la nature de l'acide, la quantité d'eau, la proportion de blanc d'œuf coagulé ou de fibrine ; la température et la durée de l'expérience ont une importance très grande.

Quelques expérimentateurs confondent la solution du blanc d'œuf coagulé ou de la fibrine avec leur transformation en peptones, phénomènes absolument dissemblables.

Il est un autre point sur lequel il est nécessaire d'appeler l'attention, parce qu'il donne souvent lieu à des méprises : je veux parler de la détermination exacte du titre acidimétrique vrai des acides concentrés qui servent aux essais.

L'acide lactique, l'acide chlorhydrique peuvent être plus ou moins concentrés.

Pour l'acide chlorhydrique, en particulier, on confond trop souvent l'acide vrai, exprimé en HCl, et l'acide chlorhydrique concentré qui n'en renferme que le tiers de son poids environ.

Je sais que pareille erreur a été commise.

En étendant 3 grammes d'acide chlorhydrique à 1 litre, on a cru opérer avec une solution à 3 grammes par litre, représentant l'acidité moyenne du suc gastrique, tandis que la liqueur employée contenait 1 gramme d'acide vrai, chiffre trop faible pour permettre la transformation peptique de la fibrine.

Quelques expérimentateurs attribuent à l'acide une trop grande influence. Il gonfle la fibrine ou le blanc d'œuf, et quelquefois même il dissout la fibrine, mais alors la solution est épaisse, ne passe pas à travers les filtres et donne, par l'acide nitrique, un coagulum énorme.

Après la transformation par la pepsine, les liqueurs sont mobiles, filtrent facilement en fournissant une solution d'une limpidité parfaite, qui ne donne plus lieu au moindre louche par addition d'acide nitrique, et qui présente toutes les autres propriétés des peptones.

Nous déterminerons, du reste, par des chiffres la différence considérable qui existe entre la solution et la peptonisation.

Voyons maintenant quels sont les divers modes d'essai proposés pour la pepsine, afin de déterminer celui qu'il conviendrait d'adopter.

ESSAI DE LA PEPSINE.

1° *Essai par coagulation du lait.* — Ce procédé doit être rejeté. M. Guibourt avait déjà, en 1865, conclu d'expériences faites sur la présure, que le principe qui dans la présure produit la coagulation du lait, n'est pas celui qui dissout et transforme la fibrine.

J'ai pu constater qu'une pepsine de porc, douze fois plus active qu'un échantillon préparé avec des caillettes de veau, agissait beaucoup moins que ce dernier au point de vue de la coagulation du lait.

Il est probable que cette action spéciale est due à un ferment particulier.

2° *Essai par le blanc d'œuf coagulé.* — Cet essai est universellement adopté en Angleterre et en Allemagne. J'ai fait des expériences pour déterminer :

1° La température la plus favorable à la dissolution ;

2° L'action des divers acides ;

3° La force acidimétrique qu'il convient de donner aux liqueurs.

Au point de vue de la température, des essais ont été faits de 30° à 80°. Même à des températures élevées, l'action de la pepsine acidifiée se produit, mais le maximum a lieu à 50°.

Avec des liqueurs contenant de 2 à 15 pour mille d'acide acétique ou butyrique, nous avons pu nous convaincre qu'en présence de ces acides, la pepsine est sans action sur le blanc d'œuf coagulé.

Les acides tartrique, lactique, et surtout chlorhydrique, facilitent au contraire l'action de la pepsine.

La solution d'acide tartrique doit être environ de 10 grammes, et celle d'acide lactique de 8 à 12 grammes pour un litre.

Quant à l'acide chlorhydrique, la digestion du blanc d'œuf se fait très bien dans les liqueurs variant de 1 et 3 millièmes d'acide vrai, l'acidité la plus favorable étant de 1 millième et demi.

Dans l'étude de semblables phénomènes, on ne doit jamais perdre de vue que la digestion stomacale s'opère à une température d'environ 40°. C'est donc surtout à cette température que doivent être faits tous les essais de digestions artificielles. Il pourrait arriver, en effet, qu'une solution acide agissant sur l'albumine à 50° ou 60° fût peu active à 40°. C'est ce qui arrive pour l'acide lactique qui, à une concentration correspondant à 2 et même 3 millièmes d'acide chlorhydrique vrai, laisse en grande partie le blanc d'œuf indissous à la température de 40°, quand l'acide chlorhydrique à 1 millième, dans les mêmes conditions de temps et de température, dissout et transforme toute l'albumine.

On trouve dans ces faits la démonstration expérimentale que l'acide libre du suc gastrique est l'acide chlorhydrique. C'est d'ailleurs un fait acquis à la science par les remarquables recherches de M. Richet, qui a prouvé que l'acidité du suc gastrique est d'environ 2 millièmes, qu'elle est due uniquement à l'acide chlorhydrique et que, si l'acide lactique s'y trouve, c'est qu'il est produit par une fermentation spéciale qu'éprouvent les aliments dans l'estomac.

Plus on étudie les digestions artificielles et plus

on est convaincu de la similitude qui existe entre ces phénomènes et ceux de la digestion stomacale. Sans doute, l'estomac absorbe pendant la période digestive une partie des liquides et des peptones qu'il renferme, ce qui, d'après Schiff, favorise la digestion ; les mouvements qu'il imprime aux aliments facilitent l'action du suc gastrique, dont la sécrétion est ininterrompue, mais il n'en est pas moins vrai que *dans les expériences* in vitro *il nous est facile d'égaler et même de surpasser la puissance digestive de l'estomac.*

Nous savons que l'acidité du suc gastrique est toujours maintenue dans certaines limites, et que les sécrétions stomacales rétablissent rapidement l'équilibre quand il est détruit, soit en plus, soit en moins.

La spécificité que nous avons trouvée à l'acide chlorhydrique permet de saisir les raisons de certaines médications et la fâcheuse influence exercée par quelques substances sur l'acte de la digestion. Ainsi que l'a fait remarquer avec juste raison M. Richet, dans les cas de fermentations anormales, il peut se produire un grand excès d'acides lactique, acétique ou butyrique. L'acide chlorhydrique n'est plus alors sécrété, et on se trouve en présence d'un acide moins actif, acide lactique, ou d'acides inactifs acétique et butyrique. On comprend dès lors l'utilité qu'il y aurait à employer, dans ce cas, les alcalins qui, en saturant les acides libres, amèneraient une nouvelle sécrétion d'acide chlorhydrique, et rendraient ainsi au suc gastrique toute sa puissance digestive. On comprend aussi que, pour atteindre le même but, on ait donné avec succès, tantôt des solutions d'acide chlorhydrique, tantôt des bicarbonates alcalins. Il faut d'ailleurs dans ce cas que les acétates et butyrates soient éliminés par l'absorption stomacale, car autrement ils seraient décomposés, et les acides inactifs remis en liberté par l'acide chlorhydrique sécrété normalement ou administré comme médicament.

Pour en revenir à l'essai de la pepsine par le blanc d'œuf coagulé, ce qu'on peut lui reprocher, c'est de ne pas établir une gradation suffisante dans les transformations. Il n'y a pas de relation absolue entre le pouvoir du ferment et la quantité du blanc d'œuf dissous.

Quoi qu'il en soit, voici la manière de faire l'essai : On met un œuf pendant une demi-heure dans l'eau bouillante, puis le blanc d'œuf très cohérent est passé à travers une passoire demi-fine ; 5 grammes de cette albumine coagulée, mis en contact à 40° avec 25 grammes d'acide chlorhydrique contenant $1^{gr},50$ HCl vrai par litre, doivent être dissous en quatre ou cinq heures par $0^{gr},10$ de pepsine de bonne qualité.

Il est nécessaire d'agiter le flacon toutes les demi-heures.

3° *Essai par la fibrine*. — L'essai par la fibrine me paraît présenter de grands avantages :

Les phénomènes sont très nets et très comparables ; quelle que soit l'origine d'une pepsine, dans les mêmes conditions de temps, de température et d'acidité du milieu, on peut déterminer son équivalence exacte par rapport à d'autres échantillons. Voici les résultats auxquels je suis arrivé au point de vue des meilleures conditions de transformation de la fibrine.

Température. — La température de 50° est celle du maximum d'action.

La même pepsine est environ quatre fois moins active à 40° qu'à 50°. L'acide le plus favorable à la transformation est l'acide chlorhydrique. Pour se rapprocher de l'action de cet acide, il faut employer des quantités relativement considérables d'acide lactique ou tartrique, soit environ 25 à 50 grammes par litre. Avec l'acide lactique à 20 grammes par litre, l'action est cinq fois moindre que celle qui correspond à une solution d'acide chlorhydrique à 3 grammes par litre.

Pour l'acide chlorhydrique l'action la plus favorable est comprise entre 2 et 5 grammes de HCl vrai par litre.

On voit, en résumé, que l'acidité du suc gastrique ne dépassant pas 2 à 3 grammes par litre d'acide exprimé en HCl, ce qui donnerait 5 grammes à $7^{gr},50$ d'acide exprimé en acide lactique, l'action serait de beaucoup plus faible en présence de ce dernier dissolvant.

Je ferai aussi remarquer que l'acidité à 1/1000 de HCl, qui est favorable à la solution de l'albumine coagulée, n'est pas suffisante pour la transformation facile de la fibrine.

Pour nous rapprocher des conditions physiologiques, je proposerai donc d'employer $1^{gr},50$ de HCl vrai par litre pour l'essai par le blanc d'œuf coagulé et 3 grammes par litre pour l'essai par la fibrine.

On s'est demandé s'il ne serait pas possible de rendre l'essai de la pepsine plus pratique en diminuant le temps de l'opération.

Rien n'est plus facile.

En chauffant six heures au lieu de douze heures, il faut environ deux fois plus de pepsine pour la transformation.

Ainsi, en chauffant six heures à 40°, au lieu de chauffer douze heures à 50°, il faut à peu près huit fois plus de pepsine pour arriver au même résultat.

Cette grande influence exercée par la température fait qu'il sera nécessaire de la fixer d'une manière exacte.

La commission de 1865, en recommandant de chauffer entre 40° et 45°, ne précisait pas assez, selon nous, ce point important.

J'ai dit qu'il y avait une différence capitale entre la solution de la fibrine et sa transformation ; voici des expériences qui le démontreront très clairement. Une pepsine préparée dans notre laboratoire, dissolvant et transformant en douze heures, à la température de 50°, six cents fois son poids de fibrine dans un milieu à 4 p. 1000 de HCl vrai, dissout dans les mêmes conditions :

```
1,200 fois son poids de fibrine en   1 heure
2,400  ...........................    1 h. 10
4,800  ...........................    1 h. 15
9,600  ...........................    1 h. 45
19,200 ........  ................     2 h. 10
```

Nous n'avons pas cru devoir pousser plus loin l'expérience.

Un essai identique a été fait avec de l'acide lactique dans la proportion de $0^{gr},40$ pour 25 centimètres cubes, soit 16 grammes par litre.

Bien que la même pepsine ne transformât dans ces conditions que 100 fois son poids de fibrine au lieu de 600 fois, comme dans l'expérience précédente, nous avons trouvé qu'elle dissolvait :

1,200 fois son poids en............	0 h. 30 m.
2,400	1 h. 15
4,800	1 h. 30
9,600	4 heures.
19,200	5 heures.

Il est nécessaire d'ajouter que des flacons témoins, ne différant des autres que par l'ab-
sence de pepsine, ne s'étaient pas liquéfiés.

Pour essayer une pepsine nous prendrons donc
de l'acide chlorhydrique à 3 grammes de HCl vrai
par litre (25 centimètres cubes), puis 5 grammes
de fibrine humide fortement essorée, et nous
ajouterons à plusieurs flacons ainsi préparés
des quantités de pepsine allant de $0^{gr},10$ à
$0^{gr},60$.

Nous chaufferons à 50°, car nous avons vu qu'il
faudrait quatre fois plus de pepsine à 40°, ce qui
serait une perte inutile de produit. On agite toutes
les demi-heures, jusqu'à solution complète de la
fibrine, puis toutes les heures.

Une bonne pepsine ne devra plus donner de
précipité par l'acide azotique après douze heures
de chauffage dans les flacons qui en contiendront
de 25 à 30 centigrammes, et après six heures dans
ceux qui en renfermeront de 50 à 60 centigrammes.
L'acide azotique doit être ajouté goutte à goutte à
10 centimètres cubes, par exemple, de la solution,
et à aucun moment de l'addition de l'acide il ne

doit se développer le plus faible louche dans la liqueur.

Pour ces essais nous nous servons depuis long-temps de fibrine de mouton lavée jusqu'à ce qu'elle soit devenue blanche, et nous la conservons dans de la glycérine pure.

On lave à grande eau au moment d'en faire usage.

Si nous avons insisté sur tous ces détails, c'est qu'ils sont très importants et que, pour arriver à des résultats comparables, il est absolument indispensable d'opérer exactement dans les mêmes conditions.

La quantité de pepsine est la seule donnée qui doive varier dans les essais, et nous prendrons pour unité ce qui est nécessaire pour obtenir un effet précis, soit, par exemple, la transformation totale en peptones de 5 grammes de fibrine.

Dès que l'on fait varier les proportions relatives d'eau, d'acide ou de fibrine, dès que l'on change la nature de l'acide ou la température, les résultats obtenus, comparables dans une série d'expériences faites dans les mêmes conditions, ne le sont plus avec ceux des autres expérimentateurs.

Cette unité d'essais serait très désirable et rendrait les plus grands services aux études de physiologie expérimentale sur les phénomènes de la digestion.

Dans le rapport de M. Guibourt, on est frappé par certaines contradictions, qui s'expliquent facilement quand on y regarde de plus près.

On voit en effet que l'acide lactique servait exclusivement dans les essais faits par le rapporteur de la commission ; tandis que, pour l'essai des pepsines remises directement par M. Boudaut, on ajoutait la quantité d'acide chlorhydrique nécessaire pour donner à la liqueur un titre acide correspondant à $0^{gr},19$ de carbonate de soude sec et fondu, soit 5 grammes HCl vrai par litre.

Les conditions d'essai n'étaient donc pas les mêmes, et c'est ce qui explique, au moins en partie, l'infériorité des pepsines préparées par la commission.

Dans d'autres expériences, en maintenant la même quantité d'acide, on doublait la quantité d'eau, ce qui diminuait de moitié l'acidité, c'est-à-dire un des éléments les plus importants de la transformation.

C'est aussi l'acidité trop faible des liqueurs qui a fait penser à la commission que l'action de la pepsine sur le blanc d'œuf était peu énergique.

On s'est servi en effet de pepsine amylacée contenant, par gramme, une quantité d'acide saturée par $0^{gr},14$ de carbonate de soude fondu ; mais

presque toute l'acidité était due à l'acide tartrique
ajouté directement à la pepsine, et qui, nous l'a-
vons vu, est beaucoup moins actif que l'acide chlorhydrique à proportion équivalente. Je dirai encore
quelques mots de l'essai proposé par la commission de 1865, et de l'essai inséré dans le Codex de
1867.

Essai proposé par la Commission de 1865.

« *Titrage ou essai de l'activité de la dose médicinale*
« *d'une pepsine quelconque*. La pepsine étant donnée,
« voici comment on doit procéder à l'examen de
« son activité : 1° on constate son acidité réelle ;
« 2° on met cette pepsine dans 25 grammes d'eau ;
« 3° on ajoute une quantité suffisante d'acide chlor-
« hydrique pour compléter, avec l'acide primitif de
« cette pepsine, une acidité égale à la saturation
« de $0^{gr},19$ de carbonate de soude sec et fondu ;
« 4° on agite plusieurs fois le mélange ; 5° on ajoute
« 6 grammes de fibrine ; 6° on porte à l'étuve
« maintenue douze heures à une température fixe
« de $+ 40°$ à $+ 45°$; 7° on agite une fois vivement
« à chacune des trois premières heures, puis une fois
« à chacune des trois heures suivantes ; 8° le temps de
« douze heures écoulé, on examine si la fibrine est
« méconnaissable et en très majeure partie dis-

2

« soute ; 9° on filtre la liqueur en entier : 10
« gouttes d'acide azotique à froid n'y doivent pro-
« duire *aucun précipité.* »

On peut faire les observations suivantes : 1° La
quantité d'acide chlorhydrique à ajouter varie
selon l'acidité naturelle ou artificielle de la pepsine
à examiner. On admet donc l'équivalence des
acides, ce qui est absolument inexact.

2° J'ai déjà dit que la température d'essai doit
être fixée d'une manière absolue, et ne varier que
dans la limite de 1 degré par exemple, ce qui est
facile avec un bon régulateur.

3° La quantité de 10 gouttes d'acide azotique,
dans 25 centimètres cubes, est insuffisante pour
savoir si la transformation est complète ; il faut
ajouter l'acide goutte à goutte, en observant toujours la liqueur de manière à voir s'il se produit un
trouble ou un précipité qui se redissout d'ailleurs
assez facilement dans un excès d'acide.

Essai du Codex de 1867.

« Pour faire cet essai, on met dans un petit
« flacon à large ouverture et non fermé :

Pepsine médicinale	0,25
Eau distillée	25,00
Acide lactique concentré	0,40
Fibrine humide	10,00

« On place le flacon dans une étuve à eau
« chaude, dont la température ne doit pas dépasser
« 45° centigrades. On agite plusieurs fois. Au bout
« de douze heures, exception faite du résidu gri-
« sâtre, peu abondant, que laisse toujours la fibrine,
« celle-ci est dissoute, et communique au liquide une
« consistance demi-gélatineuse. Le liquide étendu
« d'eau et filtré ne se trouble pas par l'ébullition ;
« il forme avec le tannin un précipité qui devient
« coriace et d'une teinte violacée. L'alcool y
« détermine un abondant précipité blanc ; l'acide
« nitrique n'y forme pas de précipité à froid dans
« quelques cas, mais ordinairement il occasionne
« un léger trouble. »

On voit que le procédé du Codex met encore
moins en évidence l'importance de la température,
puisqu'il recommande seulement de ne pas dépasser 45°.

L'acide lactique peut varier dans sa composition
et contenir de l'acide butyrique qui, nous l'avons
vu, ne facilite pas l'action de la pepsine.

De plus on recommande, avant l'essai, d'étendre
le liquide d'eau et de filtrer sans indiquer de proportions. Cette donnée est cependant importante,
car les précipités formés par l'acide nitrique dans
les solutions de fibrine plus ou moins modifiée
sont solubles dans un excès d'eau.

Un essai paraîtra donc satisfaisant ou non

satisfaisant, selon la quantité d'eau ajoutée.

Cette addition d'eau est d'ailleurs inutile. Quand la transformation de la fibrine est complète ou très avancée, la filtration du liquide non étendu se fait avec la plus grande facilité.

PRÉPARATION DE LA PEPSINE

Après avoir donné le mode d'essai de la pepsine, nous allons rapidement passer en revue les divers procédés de préparation. Il nous serait en effet impossible autrement de nous rendre compte des aspects si divers qu'affectent les diverses pepsines que l'on trouve dans le commerce et dont l'activité est si différente.

Un grand nombre d'échantillons sont absolument sans action physiologique, et, comme nous le verrons par la suite, ce sont souvent ceux qui ont subi des opérations ayant pour but de les obtenir dans un état de grande pureté.

Il est certain que ces échantillons ont été surchauffés ou que l'évaporation s'est faite en présence de l'acide chlorhydrique qui détermine, lorsque les liqueurs se concentrent, des altérations plus ou moins considérables du principe actif.

Nous insisterons surtout sur les procédés qui ont été récemment recommandés, et qui donnent des produits actifs.

PROCÉDÉ DE WASMANN

Wasmann a donné le premier, en 1839, un procédé d'extraction de la pepsine.

La muqueuse de l'estomac du porc est préalablement lavée pendant quelques heures, dans de l'eau distillée à la température de 30 à 35°, puis on la fait macérer dans l'eau jusqu'à ce qu'il se développe une odeur fétide. La liqueur filtrée est précipitée par l'acétate de plomb. Le précipité lavé et délayé dans l'eau est décomposé par un courant d'hydrogène sulfuré.

La liqueur filtrée et évaporée en consistance sirupeuse est additionnée d'un excès d'alcool qui précipite la pepsine.

PROCÉDÉ DE VOGEL

La pepsine obtenue par le procédé de Wasmann est à plusieurs reprises redissoute dans l'eau, et précipitée par l'alcool afin de l'obtenir dans un plus grand état de pureté.

PROCÉDÉ DE BIDDER ET SCHMIDT

On neutralise le suc gastrique avec de l'eau de chaux. La liqueur filtrée est évaporée en consistance sirupeuse et précipitée par l'alcool.

Le précipité redissous dans l'eau est précipité de nouveau par un grand excès de bichlorure de

mercure. En faisant passer un courant d'hydrogène sulfuré, on sépare le mercure à l'état de sulfure et la liqueur filtrée est évaporée à siccité.

PROCÉDÉ DE DESCHAMPS D'AVALLON

En saturant les acides libres de la présure de
veau par l'ammoniaque, Deschamps d'Avallon
précipitait la syntonine tenue en dissolution, et
qui entraînait avec elle une partie de la pepsine.

C'est à cette substance complexe que Deschamps d'Avallon avait donné le nom de *chymosine.*

PROCÉDÉ DE PAYEN

Payen ajoutait à du suc gastrique de chien
filtré dix à douze fois son volume d'alcool.
Le précipité est redissous dans l'eau distillée,
et reprécipité par l'alcool. Payen lui a donné
le nom de *gastérase.*

PROCÉDÉ DE M. MIALHE

M. Mialhe a démontré, en 1846, que dans le suc
gastrique il n'existe qu'un ferment digestif et que
la pepsine de Wasmann, la chymosine de Deschamps d'Avallon, la gastérase de Payen sont
identiques entre elles et constituent un seul et
même principe. Il proposait d'extraire la pepsine

en ajoutant un excès d'alcool soit au suc gastrique lui-même, soit aux liquides (présures) dans lesquels on met en macération les membranes muqueuses de l'estomac, ce qui était bien plus pratique et permettait d'obtenir un produit commercial doué d'une grande activité.

PROCÉDÉ DE BRÜCKE

Brücke conseille de faire digérer à une température de 38°, dans l'acide phosphorique dilué, des muqueuses d'estomac de porc jusqu'à leur désagrégation complète. On filtre, et le liquide filtré doit être limpide et ne plus précipiter par le ferrocyanure de potassium. Après avoir ajouté de l'eau de chaux jusqu'à neutralisation à peu près complète, on recueille le précipité de phosphate de chaux, qui a entraîné avec lui la pepsine. On redissout à nouveau ce précipité dans de l'eau contenant de l'acide chlorhydrique, et on sature par de l'eau de chaux. Le phosphate de chaux précipité est redissous dans de l'acide chlorhydrique étendu, et l'on filtre.

A cette nouvelle solution, on ajoute de la cholestérine dissoute à froid, dans un mélange de 4 parties d'alcool à 94° et 1 partie d'éther. La cholestérine ne tarde pas à venir flotter à la surface du liquide, en entraînant la pepsine qui s'est fixée sur elle. On recueille le tout sur un filtre ; on lave d'abord avec de l'acide chlorhydrique dilué, puis avec de l'eau, et on agite avec de l'éther qui dissout la cholestérine, tandis que l'eau, adhérente au précipité, se charge de pepsine. Il ne reste plus qu'à évaporer cette eau à une douce température pour avoir la pepsine pure.

PROCÉDÉ DE WITTICH

On fait macérer les muqueuses d'estomac dans la glycérine et la pepsine est précipitée par un excès d'alcool.

PROCÉDÉ DU CODEX FRANÇAIS DE 1867

Ce procédé, qui est à peu près semblable à celui de Wasmann, consiste à prendre un assez grand nombre de caillettes de moutons venant d'être tués. On vide ces caillettes, on les lave rapidement, et l'on en déchire la membrane interne, en la frottant rudement avec une brosse de chiendent. On fait macérer pendant deux heures seulement la pulpe qui en résulte, dans de l'eau à 15° centigrades; on jette le tout sur une toile grossière; on ajoute au liquide passé, mais non filtré, un soluté d'acétate neutre de plomb.

Le précipité qui se forme est très abondant; on décante le liquide surnageant, et on le remplace deux fois par de l'eau claire. On délaye une dernière fois le précipité dans de nouvelle eau, et l'on y fait passer un courant d'acide sulfhydrique, jusqu'à ce qu'il y en ait un excès manifeste.

On distribue le liquide et le précipité noir de sulfure de plomb sur un grand nombre de filtres. On évapore la liqueur filtrée, le plus rapidement possible, dans des vases peu profonds, très étendus en surface, mais à une température qui ne dépasse pas 45° centigrades.

On amène à siccité et l'on enlève, à l'aide d'un couteau flexible ou d'une carte de corne, le produit, qui se présente sous la forme d'une pâte ferme, d'une couleur blonde, d'un goût acidulé, et d'une odeur spéciale qui n'a rien de putride.

PROCÉDÉ DE LA PHARMACOPÉE BRITANNIQUE

On lave avec soin les estomacs de porc, ou les caillettes de veau ou de mouton, on racle les muqueuses ainsi nettoyées, et on fait sécher rapidement sur de larges surfaces, à une température ne dépassant pas 100° Fahrenheit, ou 37° centigrades, la matière visqueuse ainsi obtenue : le produit sec est pulvérisé.

PROCÉDÉ AMÉRICAIN (Procédé de Scheffer)

Ce procédé consiste à faire macérer pendant plusieurs jours dans de l'eau acidulée avec de l'acide chlorhydrique, et en agitant souvent, la membrane muqueuse de l'estomac de porc parfaitement nettoyée et coupée en menus morceaux.

Si, après filtration, le liquide n'est pas clair, on

laisse reposer vingt-quatre heures. On ajoute alors au liquide clarifié son volume d'une solution saturée de chlorure de sodium. Après plusieurs heures, la pepsine séparée de sa solution par le chlorure de sodium se met à flotter à la surface, d'où on l'enlève avec une cuiller pour la déposer dans un filtre en toile de coton. Elle est enfin soumise à une forte pression pour la débarrasser autant que possible de la solution salée.

PROCÉDÉ DE M. A. PETIT

Les études que, depuis plus de dix ans, je poursuis sur les ferments digestifs m'ont amené à cette conclusion, que ces principes si altérables doivent être soumis à des manipulations aussi peu compliquées que possible.

Dans les expériences que je citerai à l'appui de cette opinion, on verra que les précipitations par l'alcool et par d'autres agents ne permettent de retrouver qu'une partie du pouvoir digestif primitif.

Les estomacs du porc, les caillettes du veau ou du mouton, sont soigneusement lavés à grande eau. La muqueuse séparée par raclage, au moyen d'un couteau à lame arrondie, est hachée aussi menu que possible, et mise à macérer dans quatre fois son volume d'eau distillée, à laquelle on ajoute 5 centièmes d'alcool.

On agite toutes les demi-heures. Après quatre

heures de macération, on filtre les liqueurs, et on évapore à une température qui ne doit pas dépasser 40°, dans des vases à larges surfaces et dans une pièce ventilée, de façon à ce que le renouvellement d'air se fasse facilement.

L'énumération de ces divers procédés permet de comprendre pourquoi les pepsines du commerce sont si différentes d'aspect, de composition et d'activité.

Il n'entre pas dans ma pensée de passer en revue les diverses pepsines françaises et étrangères, elles peuvent être divisées en trois catégories : les pepsines actives, les pepsines peu actives, et les pepsines inactives.

Quelques-unes de ces dernières sont certainement préparées pour arriver à un bon marché plus apparent que réel, mais d'autres sont vendues à un prix très élevé, et ceux qui les achètent doivent croire à leur activité.

Le pharmacien consciencieux doit donc faire l'essai de toute pepsine avant de l'employer, quelle que soit d'ailleurs l'honorabilité de la maison qui l'a fournie.

Pour bien mettre ces faits en évidence, je me contente de prendre dans mon cahier de laboratoire des expériences faites récemment sur des pepsines allemandes.

La pepsine n° 1 se présentait sous forme de masse faiblement colorée en jaune, entièrement soluble dans l'eau, et donnant une solution très acide.

Cette pepsine, vendue très cher sous le nom de *pepsine pure*, est absolument inactive.

La pepsine n° 2 est étiquetée *pepsine pure en poudre*. Elle ne renferme en effet ni sucre de lait ni amidon. Malgré son prix élevé, elle est inactive comme le n° 1.

L'échantillon n 3 est vendu sous le nom de *pepsine soluble*. Elle contient une proportion élevée de sucre de lait, et son prix est très inférieur à celui des échantillons n°s 1 et 2.

Elle est cependant active, et dissout et transforme vingt-cinq fois son poids de fibrine par un chauffage de douze heures à 50°.

Je citerai également un travail de Wittstein, paru dans les *Archives de pharmacie allemande* de janvier 1879, et intitulé : « Sur la qualité de quelques pepsines du commerce. »

Vu l'importance toujours croissante de ce médicament, Wittstein avait voulu attirer l'attention sur l'inactivité de certains échantillons afin d'empêcher, dit-il, de tomber dans le discrédit un médicament aussi utile.

Voici ses conclusions :

« Les échantillons n°s 2, 4, 5, 9, 10, doivent

« être absolument rejetés, tandis que les échantil-
« lons n°s 6, 7, 11, remplissent toutes les condi-
« tions voulues. »

Dans le commerce, on trouve les pepsines sous
forme extractive ou sous forme de poudres plus ou
moins solubles dans l'eau. Ces poudres sont souvent
mélangées de quantités variables d'amidon ou de
sucre de lait. Le sucre de lait paraît supérieur à
l'amidon, car il donne un mélange absolument
soluble dans l'eau, rend plus facile l'action de la
pepsine et assure parfaitement sa conservation. Au
point de vue de la provenance, l'activité du produit
varie avec l'animal qui le fournit.

La pepsine de porc est la plus active, celle de
chien est douée aussi de propriétés très énergiques,
puis viennent celles de veau et de mouton.

Je donnerai plus tard les résultats d'essais que
je poursuis sur le pouvoir digestif des pepsines
retirées des divers animaux; mais il est dès à présent utile, au point de vue pratique, de dire quelques mots de la pepsine d'autruche et de l'ingluvine récemment préparée en Angleterre avec les
gésiers de poulet, et qui est employée par les
médecins anglais.

M. J.-R. James, dans le numéro de février dernier du *Pharmaceutical Journal*, donne quelques
détails intéressants sur la pepsine d'autruche.
Les estomacs séchés sont vendus, paraît-il, contre

leur poids d'or. Dans la république Argentine, la pepsine d'autruche est très souvent prescrite par les médecins et connue du public sous le nom de *pepsina nostra*.

Un essai comparatif avec la pepsine de porc a montré à M. James que la pepsine d'autruche et l'ingluvine étaient à peu près sans action sur le blanc d'œuf coagulé.

J'ai fait venir ces deux produits de Londres, et j'ai pu constater en effet que, même à la dose de 1 gramme, ils dissolvent la fibrine sans la transformer.

Ce sont donc de mauvaises préparations.

Je dois dire cependant qu'un échantillon de pepsine d'autruche préparé en pulvérisant grossièrement les estomacs séchés et qui m'avait été apporté directement du pays d'origine était doué de propriétés digestives qui l'auraient fait classer parmi les pepsines d'activité moyenne.

EXAMEN COMPARATIF DES DIVERS PROCÉDÉS DE PRÉPARATION
DE LA PEPSINE.

En présence des procédés si divers donnés par les auteurs et recommandés par les pharmacopées, il était indispensable de préparer de la pepsine en les suivant très exactement. Il fallait aussi que les conditions d'expériences fussent absolument comparables.

C'est ce que nous avons réalisé en opérant sur les mêmes liquides ou sur les mêmes muqueuses.

Chaque procédé a été répété plusieurs fois, afin d'être sûr de l'exactitude des résultats obtenus.

Le procédé de *Wasmann* présente des inconvénients que nous signalerons en parlant du procédé du Codex français, et en plus celui qui résulte de la précipitation par un excès d'alcool.

La précipitation de la pepsine par l'alcool ne permet d'isoler qu'une partie du principe digestif.

Le procédé de *Vogel* est encore plus défectueux puisque la pepsine est soumise à plusieurs précipitations par l'alcool.

Les procédés de *Bidder* et *Schmidt*, de *Deschamps d'Avallon* et de *Payen* ne peuvent servir à la préparation de la pepsine médicinale et nous ont donné de mauvais résultats.

Celui de M. *Mialhe* ne peut être adopté, à cause de la dépense considérable que nécessiterait l'emploi d'une aussi grande quantité d'alcool. Le produit obtenu serait d'ailleurs beaucoup moins actif qu'en suivant la méthode que je recommande.

Le procédé de *Brücke* m'avait toujours paru un peu étrange.

L'entraînement d'une substance soluble au moyen d'un précipité paraissait devoir laisser en solution une grande partie du principe actif, c'est en effet ce qui a lieu.

Le phosphate de chaux précipité entraîne bien cependant une forte proportion de pepsine ; mais en suivant à la lettre le procédé et en lavant, d'abord à l'eau aiguisée d'acide chlorhydrique, puis à l'eau pure, la cholestérine à laquelle la pepsine adhère, il est bien évident qu'on doit dissoudre toute la pepsine.

Aussi le liquide aqueux qui se sépare dans le traitement de la cholestérine humide par l'éther ne contient-il que des traces du principe digestif.

Répété trois fois, ce procédé m'a donné comme résultat définitif des quantités insignifiantes d'un produit renfermant plus ou moins de phosphate de chaux.

En traitant par cette méthode 5 grammes d'excellente pepsine, nous n'avons obtenu que quelques centigrammes de produit peu actif.

Si j'ai insisté sur ce procédé, bien qu'il ne pût être employé pour la préparation de la pepsine commerciale, c'est qu'il est indiqué comme un excellent moyen de préparer la pepsine dans un grand état de pureté.

La pepsine d'après Brücke ne serait pas un corps azoté.

Il est à peu près certain qu'il n'a pas eu à sa disposition de la pepsine pure, mais des substances étrangères retenant une certaine proportion de pepsine.

Nous avons en effet pu constater qu'une pepsine transformant en peptones mille fois son poids de fibrine, et donnant par calcination modérée 17 0/0 de cendres, contenait :

En azote 1er dosage, 10.80 0/0. . . . . | moyenne, 11gr,10 0/0.
    »   2e dosage, 11.40 » . . . . . |

Soit, en tenant compte des cendres, 13.37 0/0 d'azote, ce qui la rapproche sensiblement de la composition des substances albuminoïdes.

Le procédé de Brücke paraît donc devoir être rejeté même pour les recherches où l'on n'aurait pour but que de préparer de petites quantités de produit pur.

Il nous reste à discuter avec preuves à l'appui les cinq procédés suivants :

Macération des muqueuses dans l'eau et précipitation par l'alcool ;

Procédé du Codex français, procédé de la Pharmacopée britannique, procédé américain de Scheffer, et enfin celui que j'ai proposé.

Dans chaque essai, 25 grammes d'eau, contenant 3 grammes de HCl vrai par litre, sont additionnés de 5 grammes de fibrine et chauffés douze heures à 50°, en présence de quantités variables de pepsine.

En ajoutant de l'acide nitrique goutte à goutte au liquide filtré, on voit si la transformation en peptones est complète ou plus ou moins avancée.

On jugera des résultats par les nombres ci-après indiqués et qui ont été obtenus en opérant avec des estomacs de porcs.

RENDEMENT

550 grammes du même liquide de macération ont donné :

Procédé du Codex.	$1^{gr},10$
Précipitation par 3 vol. d'alcool.	$3^{gr},10$
» par 10 vol. d'alcool.	$3^{gr},50$
Notre procédé.	$5^{gr},70$

ESSAI

Pepsine précipitée par 3 vol. d'alcool :
$0^{gr},30 =$ précipité abondant.
Pepsine précipitée par 10 vol. d'alcool :
$0^{gr},30 =$ précipité abondant.
Pepsine, procédé du Codex : $0^{gr},20 =$ liquide limpide.
$0^{gr},10 =$ précipité abondant.
Pepsine, notre procédé. $0^{gr},01 =$ liquide limpide.

AUTRE SÉRIE D'EXPÉRIENCES :

RENDEMENT

Procédé du Codex.	$0^{gr},22.$
» de Scheffer.	1^{gr}
Précipitation par 3 vol. d'alcool.	$3^{gr},50.$
Notre procédé sans filtration des liqueurs. .	$6^{gr},80.$
» avec filtration » . .	$3^{gr},25.$

ESSAI

Procédé du Codex :   0ᵍʳ,10 = précipité très abondant.
   »   de Scheffer :   0ᵍʳ,10 = liquide limpide.
Précipitation par 3 volumes d'alcool :
                         0ᵍʳ,10 = précipité très abondant.
Notre procédé, sans filtration des liqueurs :
                         0ᵍʳ,01 = liquide limpide.
Notre procédé, avec filtration des liqueurs :
                         0ᵍʳ,005 = liquide limpide.

Le procédé du Codex donne, ainsi qu'on le voit, des quantités variables de pepsine dont l'activité est très inférieure.

Le procédé de Scheffer permet d'obtenir un produit actif ; mais la pepsine ainsi préparée renferme une proportion plus ou moins grande de chlorure de sodium.

Dans le cas ci-dessus, on a eu par calcination 4/5 de résidu salin.

Deux fois j'ai obtenu de bons résultats en ajoutant le chlorure de sodium aux liqueurs non filtrées. Ayant voulu filtrer, ainsi que le recommande Scheffer, le produit a été beaucoup moins actif.

Le procédé de la pharmacopée britannique comparé au nôtre donne un rendement à peu près identique ; mais la pepsine ainsi obtenue est plus impure, moins soluble et moins active.

Pharmacopée britannique. 0ᵍʳ,05 = liqueur liquide.
Notre procédé........... 0ᵍʳ,01 et 0ᵍʳ,005 = liqueur lim-
                          pide.

On aurait pu déterminer dans les divers cas la quantité de pepsine préparée par l'alcool ou par le procédé du Codex français qui est nécessaire pour la transformation absolue des 5 grammes de fibrine en albuminose ; mais les résultats sont tellement concluants que nous avons jugé inutile de continuer ces expériences.

Elles prouvent de la façon la plus nette la supériorité de notre procédé.

On croit assez généralement que l'eau est un mauvais dissolvant de la pepsine. C'est là une erreur déjà combattue par Witt. Les muqueuses cèdent autant de pepsine à l'eau simple qu'à l'eau additionnée d'acides et à la glycérine.

Des essais comparatifs m'ont prouvé que les liqueurs acidulées par l'acide chlorhydrique sont inférieures comme activité à celles qui sont préparées avec de l'eau.

Quelques muqueuses sont séparées de la tunique musculaire, hachées très finement et mêlées.

On prend le même poids du mélange, et on le fait macérer dans un volume égal :

1° D'eau simple,

2° D'eau alcoolisée à 5 0/0,

3° D'eau contenant par litre 5 grammes d'acide chlorhydrique vrai. Après le même temps de macération, un essai de digestion artificielle donne les résultats suivants :

Liqueur aqueuse......	$1/2^{cc}$ =	précipité assez abondant.
»	1^{cc} =	liqueur limpide.
Liqueur alcoolique....	$1/2^{cc}$ =	liqueur louche.
»	1^{cc} =	liqueur limpide.
Liqueur chlorhydrique..	1^{cc} =	précipité assez abondant.
» ..	2^{cc} =	liquide louche.

En suivant notre procédé pour la pepsine de veau et la pepsine de mouton, nous sommes arrivés aux résultats suivants :

Pepsine de veau, liqueur filtrée..	$0^{gr},10$ =	liquide limpide.
» » ..	$0^{gr},05$ =	précipité.
» liqueur non filtrée.	$0^{gr},20$ =	liquide limpide.
» » ..	$0^{gr},10$ =	précipité.
Pepsine de mouton, liq. filtrée..	$0^{gr},05$ =	liquide limpide.
» » ..	$0^{gr},025$ =	liquide louche.
» liqueur non filtrée.	$0^{gr},10$ =	liquide limpide.
» » ..	$0^{gr},05$ =	précipité.

Le procédé du Codex essayé avec la même quantité de muqueuses de mouton a donné :

RENDEMENT

Notre procédé.............	$10^{gr},30.$
Procédé du Codex..........	$2^{gr},50.$

ESSAI

Notre procédé, liqueur filtrée...	$0^{gr},05$ =	liqueur limpide.
Procédé du Codex..........	$0^{gr},50$ =	précipité.

Le procédé du Codex donne donc de mauvais résultats.

On voit en résumé qu'il nous est facile de préparer par notre procédé des pepsines douées d'une grande activité.

Avec des estomacs de porc très frais, n'ayant subi aucune altération, et en prenant pour l'évaporation les précautions les plus minutieuses, nous sommes arrivés à obtenir des pepsines transformant en albuminose mille fois leur poids .de fibrine fortement essorée.

Avec le mouton, l'activité est environ dix fois moindre.

Après les expériences relatives à la simple solution de la fibrine relatées dans ce travail, il sera, je l'espère, clairement établi qu'il existe une différence absolue entre la dissolution de la fibrine et sa transformation en albuminose, et l'on ne verra plus considérer comme bonnes des pepsines dissolvant seulement dix fois leur poids de fibrine.

Avec notre pepsine la plus active, j'ai pu obtenir en sept heures la dissolution de 500,000 fois son poids de fibrine.

Plusieurs flacons témoins placés dans les mêmes conditions ne s'étaient pas liquéfiés et avaient conservé leur aspect gélatineux.

Dans de semblables essais, il faut prendre les plus grandes précautions pour n'introduire dans les flacons aucune trace de pepsine, si minime qu'elle soit.

Il est d'ailleurs utile d'ajouter qu'en prolongeant l'exposition à l'étuve, l'eau acidulée seule déterminerait la solution plus ou moins complète de la fibrine.

Il nous reste maintenant à examiner l'influence des diverses substances sur la fermentation peptique, et à voir quelles conséquences en découlent au point de vue des conditions d'administration de ce médicament et des formes pharmaceutiques qui doivent être employées.

ACTION DES DIVERS CORPS SUR LA FERMENTATION PEPTIQUE.

L'action des divers corps sur la fermentation peptique a été peu étudiée. Elle formera cependant un chapitre des plus intéressants et qui permettra de préjuger leur action sur l'acte même de la digestion.

Quand il s'agit de l'estomac, il ne faut pas perdre de vue que les liquides ingérés et les parties liquéfiées des aliments solides sont soumis à une absorption des plus actives.

Tous les expérimentateurs sont d'accord sur ce point, que les liquides aqueux ou faiblement alcooliques disparaissent rapidement.

Dans ses expériences récentes sur Marcellin R..., atteint de fistule gastrique, M. C. Richet a constaté que l'alcool était absorbé en une demi-heure, et le lait en une heure.

Ainsi donc, dans une digestion qui dure de trois

à six heures, le milieu dans lequel a lieu l'acte chimique est constamment modifié, et c'est seulement par une interprétation raisonnée des faits, que l'on peut se rendre compte des conditions où s'opère la transformation des aliments albuminoïdes sous l'influence de la pepsine.

Dans des expériences que je poursuis en collaboration avec MM. Leven et Sémérie, les chiens auxquels nous administrons de la viande cuite sécrètent la quantité de liquide nécessaire pour imbiber cette viande, elle est désagrégée et transformée en peptones dans l'estomac même, et les liquides que nous injectons pour essayer leur action sur la digestion sont rapidement éliminés. Il y a en outre à tenir compte de l'effet spécial exercé par les diverses substances sur la muqueuse de l'estomac. Il n'est pas douteux que certains composés qui n'entravent pas l'action de la pepsine agiraient d'une façon fâcheuse sur la digestion en déterminant une irritation des organes digestifs.

Les essais in vitro permettent d'opérer dans des conditions absolument scientifiques. Là, tout est rigoureusement déterminé : le temps, la température, l'acidité du milieu, la quantité d'eau et de fibrine, et enfin le poids de la substance dont on veut déterminer l'action sur la pepsine.

Dans toutes les expériences qui vont suivre, nous avons employé la même pepsine dont nous avions préparé plusieurs kilogrammes. Elle nous servira aussi pour les nouveaux essais que nous croirons devoir faire pour bien éclaircir toutes les questions qui se rattachent à cet important problème.

25 milligrammes de cette pepsine dissolvant et transformant 5 grammes de fibrine, nous mettrons pour nos essais 5 centigrammes, afin d'être certain que l'action sera complète si rien ne vient entraver la puissance du ferment.

D'ailleurs, dans toutes les séries d'expériences, nous avons soin d'ajouter un flacon témoin et nous considérerions comme nulles celles dans lesquelles le flacon témoin donnerait un louche par l'acide nitrique.

Dans tous les cas où la nature et la quantité d'acide ne sont pas indiquées, nous ajouterons de l'acide chlorhydrique titré de manière à ce que la liqueur contienne trois grammes HCl vrai par litre. Les résultats résumeront les expériences souvent répétées que nous aurons faites sur une même substance.

INFLUENCE DES ACIDES.

L'eau seule n'agissant pas sur la fibrine, il est nécessaire d'aciduler les liqueurs pour obtenir soit la dissolution, soit la dissolution et la transformation.

Les limites favorables d'action des acides miné-
raux sont beaucoup moins étendues que celles de
certains acides organiques.

ACIDE CHLORHYDRIQUE   ESSAI PAR AZO^3, HO.
évalué en HCl.

Solution à 1 $^0/_{00}$	=	Pas de solution de la fibrine.
»	2 »	=	Précipité.
»	3 »	=	Liqueur limpide.
»	4 »	=	Liqueur limpide.
»	5 »	=	Très faible louche.
»	7,5 »	=	Louche.
»	10 »	=	Précipité abondant.
»	20 »	=	Précipité abondant, la solution de fibrine est incomplète.

On voit que le maximum d'action est compris
entre 3 et 7, 5 pour 1000 et que 3 et 4 pour 1000
représentent la dilution la plus favorable.

En augmentant la quantité de pepsine, il ne se
produit pas de modifications sensibles.

Un essai fait le même jour avec 10 centigrammes de pepsine nous a donné :

ACIDE CHLORHYDRIQUE.   ESSAI PAR AZO^3,HO.

Solution à 1 $^0/_{00}$	=	Pas de solution.
»	2 »	=	Précipité.
»	3 »	=	Liquide limpide.
»	4 »	=	Liquide limpide.
»	5 »	=	Liquide limpide.
»	7,5 »	=	Précipité.
»	10 »	=	Précipité abondant.
»	20 »	=	Précipité très abondant.

<table>
<tr><td colspan="2" align="center">ACIDE BROMHYDRIQUE.</td><td>ESSAI PAR AZO^5,HO.</td></tr>
<tr><td>$0^{gr},05$ pepsine</td><td>2,5 $^0/_{00}$ d'acide</td><td>= Précipité abondant.</td></tr>
<tr><td>»</td><td>» 5 »</td><td>= Liqueur limpide.</td></tr>
<tr><td>»</td><td>» 10 »</td><td>= Précipité.</td></tr>
<tr><td>»</td><td>» 20 »</td><td>= Précipité très abondant.</td></tr>
<tr><td>»</td><td>» 40 »</td><td>= Pas de solution.</td></tr>
<tr><td>$0^{gr},10$</td><td>» 2,5 »</td><td>= Liqueur limpide.</td></tr>
<tr><td>»</td><td>» 5 »</td><td>= Liqueur limpide.</td></tr>
<tr><td>»</td><td>» 10 »</td><td>= Précipité.</td></tr>
<tr><td>»</td><td>» 20 »</td><td>= Précipité.</td></tr>
<tr><td>»</td><td>» 40 »</td><td>= Précipité abondant.</td></tr>
</table>

ACIDE NITRIQUE
évalué en AZO^5,HO.

<table>
<tr><td>$0^{gr},05$ pepsine</td><td>2,5 $^0/_{00}$</td><td>= Liquide louche.</td></tr>
<tr><td>»</td><td>» 5 »</td><td>= Précipité peu abondant.</td></tr>
<tr><td>»</td><td>» 10 »</td><td>= Précipité abondant.</td></tr>
<tr><td>»</td><td>» 20 et 40 $^0/_{00}$</td><td>= Pas de solution.</td></tr>
<tr><td>$0^{gr},10$</td><td>» 2,5 $^0/_{00}$</td><td>= Liquide limpide.</td></tr>
<tr><td>»</td><td>» 1,25 »</td><td>= Pas de solution.</td></tr>
<tr><td>»</td><td>» 0,625 »</td><td>= Pas de solution .</td></tr>
</table>

AUTRE ESSAI.

<table>
<tr><td>$0^{gr},10$ pepsine</td><td>$0^{gr},625$ $^0/_{00}$ d'acide</td><td>= Fort louche.</td></tr>
<tr><td>»</td><td>» 1,25 $^0/_{00}$</td><td>= Précipité.</td></tr>
<tr><td>»</td><td>» 2,50 »</td><td>= Précipité.</td></tr>
<tr><td>»</td><td>» 5 $^0/_{00}$</td><td>= Précipité.</td></tr>
<tr><td>»</td><td>» 10 »</td><td>= Précipité abondant.</td></tr>
<tr><td>»</td><td>» 20 et 40 $^0/_{00}$</td><td>= Pas de solution.</td></tr>
</table>

L'action de l'acide nitrique n'est pas régulière.
On doit cependant remarquer que dans ce dernier
essai la transformation était presque totale, avec
$0^{gr},625$ $^0/_{00}$ d'acide.

ACIDE SULFURIQUE
évalué en SO^3,HO.   ESSAI PAR AZO^5,HO.

<table>
<tr><td>$0^{gr},05$ pepsine 2,5 $^0/_{00}$ d'acide</td><td>= La solution n'est que partielle.</td></tr>
<tr><td>» » 5 »</td><td>= Liqueur limpide.</td></tr>
</table>

ACIDE SULFURIQUE. ESSAI PAR AZO^5,HO.

$0^{gr},05$ pepsine	10 $^o/_{oo}$ d'acide	=	Très faible louche.
»	»	20 »	=	Précipité.
»	»	40 »	=	Précipité (solution partielle).
$0^{gr},10$	»	2,5 $^o/_{oo}$	=	Liqueur limpide.
»	»	5 »	=	Liqueur limpide.
»	»	10 »	=	Liqueur limpide.
»	»	20 »	=	Précipité peu abondant.
»	»	40 »	=	Précipité.

ACIDE PHOSPHORIQUE MÉDICINAL
évalué en $PHO^5,3HO$.

$0^{gr},05$ pepsine	1 à 3 $^o/_{oo}$ d'acide	=	Pas de solution.
»	»	4 »	=	Précipité.
»	»	5 à 10 »	=	Liqueur limpide.
»	»	20 »	=	Très faible louche.
»	»	40 »	=	Précipité.

Trois essais ont donné avec l'acide médicinal des résultats absolument concordants.

ACIDE PHOSPHORIQUE VITREUX.

Cet acide pris dans le commerce précipite en blanc par les sels d'argent.

Avec $0^{gr},05$ et $0^{gr},10$ de pepsine, et des quantités d'acide allant de 5 à 40 $^o/_{oo}$, nous n'avons pu obtenir la simple solution de la fibrine.

C'est un fait intéressant qui nécessitera des recherches spéciales.

ACIDE ACÉTIQUE. ESSAI PAR AZO^5,HO.

$0^{gr},05$ pepsine	2,5 et 5 $^o/_{oo}$ d'acide	=	Pas de solution.
»	»	10, 20 et 40 $^o/_{oo}$	=	Précipité.

Trois essais ont donné les mêmes résultats.

Si, aux liqueurs acétiques ci-dessus, on ajoute 3 $^o/_{oo}$ HCl, la transformation en peptones est totale.

L'acide acétique n'exerce donc pas d'effet nuisible, mais il n'aide pas à la transformation de la fibrine.

<table>
<tr><td colspan="2">ACIDE LACTIQUE.</td><td>ESSAI PAR AZO⁵,HO.</td></tr>
</table>

$0^{gr},05$ pepsine 2,5 et 5 $^o/_{oo}$ d'acide	$=$	Précipité.
» » 10 $^o/_{oo}$	$=$	Louche.
» » 20 »	$=$	Faible louche.
» » 40 »	$=$	Précipité.
$0^{gr},10$ » 2,5 et 5 $^o/_{oo}$	$=$	Précipité.
» » 10 $^o/_{oo}$	$=$	Louche.
» » 20 et 40 $^o/_{oo}$	$=$	Liquide limpide.

ACIDE TARTRIQUE.

$0^{gr},05$ pepsine 2,5 $^o/_{oo}$	$=$	Pas de solution.
» » 5 »	$=$	Précipité abondant.
» » 10,20 et 40 $^o/_{oo}$	$=$	Liquide limpide.
$0^{gr},10$ » 2,5 $^o/_{oo}$	$=$	Précipité.
» » 5 »	$=$	Précipité peu abondant..
» » 10 »	$=$	Liquide limpide.

ACIDE CITRIQUE.

$0^{gr},05$ pepsine 2,5 et 5 $^o/_{oo}$	$=$	Pas de solution.
» » 10 $^o/_{oo}$	$=$	Précipité.
» » 20 »	$=$	Précipité peu abondant..
» » 40 »	$=$	Faible louche.
$0^{gr},10$ » 2,5 »	$=$	Pas de solution.
» » 5 et 10 $^o/_{oo}$	$=$	Précipité.

La différence d'action entre l'acide tartrique et l'acide citrique est, comme on le voit, des plus manifestes.

ACIDE MALIQUE.   ESSAI PAR AZO^5,HO.

$0^{gr},05$ pepsine 2,5 $^o/_{00}$ d'acide	= Pas de solution.
» » 5 et 10 $^o/_{00}$	= Précipité abondant.
» » 20 $^o/_{00}$	= Précipité faible.
« » 40 »	= Précipité faible.

ACIDE SUCCINIQUE.

$0^{gr},05$ pepsine 2,5 et 5 $^o/_{00}$	= Pas de solution.
» » 10,20 et 40 $^o/_{00}$	= Précipité.
$0^{gr},10$ » 2,5 $^o/_{00}$	= Pas de solution.
» » 5 et 10 $^o/_{00}$	= Précipité abondant.

ACIDE OXALIQUE.

$0^{gr},05$ pepsine 2,5 $^o/_{00}$	= Pas de solution.
» » 10 »	= Précipité faible.
» » 20 »	= Très faible louche.
» » 40 »	= Liquide limpide.
$0^{gr},10$ » 2,5 »	= Précipité peu abondant.
» » 5 et 10 $^o/_{00}$	= Liquide limpide.

Dans ce dernier cas l'influence d'un léger excès de pepsine a été très nette.

ACIDE FORMIQUE
évalué en $C^2H^2O^4$ ESSAI PAR AZO^5,HO.

$0^{gr},05$ pepsine 80 $^o/_{00}$ d'acide.	= Précipité.
» » 40 »	= Précipité.
» » 20 »	= Précipité peu abondant.
» » 10 »	= Liquide limpide.

D'autres essais semblables ne diffèrent de celui-ci que par le précipité que donnent les liqueurs à $10^o/_{00}$.

En faisant varier la pepsine nous avons :

$0^{gr},05$ pepsine 10 $^o/_{00}$ d'acide	= Précipité.
» » 5 »	= Précipité abondant.
» » 2,5 »	= Filtration difficile des liqueurs.
» » 1 »	= Pas de solution.

0^{gr},10 pepsine 10 $^o/_{oo}$ d'acide   = Liquide limpide.
  »   »   5 »   = Précipité.
  »   »   2,5 »   = Filtration difficile.
  »   »   1 »   = Pas de solution.

ACIDE BUTYRIQUE.

Avec 0^{gr},05 et 0^{gr},10 de pepsine et 40, 20, 10 et 5 $^o/_{oo}$ d'acide, il n'y a même pas de solution de la fibrine.

ACIDE VALÉRIANIQUE

Mêmes résultats qu'avec l'acide butyrique.

ACIDE IODIQUE.   ESSAI PAR AZO^5,HO.

0^{gr},05 pepsine 40 $^o/_{oo}$ d'acide   = Précipité.
  »   »   20 »   = Louche.
  »   »   10 »   = Précipité.

Nous allons maintenant examiner l'action des acides faibles, ou de ceux qui, peu solubles dans l'eau, ne pourraient déterminer par eux-mêmes la transformation de la fibrine.

Dans ces cas particuliers les liquides d'essai renferment 3 grammes HCl vrai par litre.

ACIDE SULFUREUX.   ESSAI PAR AZO^5,HO.

0^{gr},05 pepsine 2 $^o/_{oo}$ d'acide   = Liquide limpide.
  »   »   5 »   = Liquide limpide.
  »   »   8 »   = Liquide louche.
  »   »   10 »   = Précipité.

ACIDE SULFHYDRIQUE.

0^{gr},05 pepsine 2 $^o/_{oo}$ d'acide   = Liquide limpide.

ACIDE CYANHYDRIQUE.

0^{gr},05 pepsine 1 à 5 $^o/_{oo}$ d'acide   = Liquide limpide.

ACIDE SALICYLIQUE.

$0^{gr},05$ pepsine	$0^{gr},50$ $^0/_{00}$ d'acide	=	Liquide limpide.
»	»	1 $^0/_{00}$	=	Liquide louche.
»	»	2 »	=	Précipité.
»	»	5,10 et 20 $^0/_{00}$	=	Précipité abondant.
$0^{gr},10$	»	0,50, 1 et 2 $^0/_{00}$	=	Liquide limpide.
»	»	10 et 20 $^0/_{00}$	=	Précipité.

ACIDE GALLOTANNIQUE.

$0^{gr},05$ pepsine	$0^{gr},50$ $^0/_{00}$ d'acide	=	Liquide louche.
»	»	1 »	=	Précipité.
»	»	2 et 4 »	=	Précipité abondant.
$0^{gr},10$	»	0,50 »	=	Liquide limpide.
»	»	1 »	=	Liquide louche.
»	»	2 et 4 »	=	Précipité.

ACIDE BENZOÏQUE.

$0^{gr},05$ pepsine	2 $^0/_{00}$ d'acide	=	Faible louche.
»	»	4 »	=	Précipité.
»	»	10 et 20 $^0/_{00}$	=	Précipité abondant.

ACIDE BORIQUE.

$0^{gr},05$ pepsine 10 et 20 $^0/_{00}$ d'acide = Liquide limpide.

ACIDE ARSÉNIEUX.

$0^{gr},05$ pepsine 5, 10 et 20 $^0/_{00}$ d'acide = Liquide limpide.

ACTION DES ALCALIS.

En présence de l'ammoniaque, du carbonate de soude, et en général des diverses substances alcalines, l'action de la pepsine sur la fibrine est nulle.

ACTION DES SELS.

A chaque fiole contenant 25 centimètres cubes

d'acide chlorhydrique à $3°/_{00}$, 5 grammes de fibrine et 5 centigr. de pepsine, on ajoute des quantités variables de divers sels. Voici les résultats obtenus :

Chlorure de sodium de	0^{gr},25 à 2^{gr}	= Liquide limpide.
» »	4^{gr}	= Pas de solution.
Bromure de potassium	0^{gr},25 à 2^{gr}	= Liquide limpide.
Iodure »	0^{gr},25 à 2^{gr}	= Liquide limpide.
Sulfate de magnésie	0^{gr},25 à 4^{gr}	= Liquide limpide.
Cyanure jaune de potassium	0^{gr},25 à 1^{gr}	= Liquide limpide.
Chlorhydrate d'ammoniaque	0^{gr},25 à 1^{gr}	= Liquide limpide.
Sulfate de cuivre	0^{gr},25 à 1^{gr}	= Liquide limpide.
» de zinc	0^{gr},25 à 1^{gr}	= Liquide limpide.
Acétate de soude	0^{gr},10	= Précipité.
» »	0^{gr},20 à 1^{gr}	= Pas de solution.
Phosphate de soude	0^{gr},10	= Liquide limpide.
» »	0^{gr},25	= Liquide louche.
» »	0^{gr},50	= Pas de solution.
Tartrate de potasse et de soude	0^{gr},25	= Liquide limpide.
Tartrate de potasse et de soude	0^{gr},50	= Liquide louche.
Tartrate de potasse et de soude	1^{gr}	= Solution incomplète.
Salicylate de soude	0^{gr},10	= Liquide louche.
» »	0^{gr},20	= Pas de solution.

L'obstacle qu'apportent ces derniers sels à la fermentation peptique est dû, au moins en partie, à ce que l'acide chlorhydrique se substitue à l'acide du sel, et met en liberté des acides inactifs ou peu actifs.

SELS D'ANTIMOINE.

Émétique	$0^{gr},05$	= Liquide limpide.
»	$0^{gr},10$	= Liquide louche.
»	$0^{gr},20$	= Précipité.

SELS DE MERCURE.

Bi-chlorure de mer-cure	$0^{gr},05$	= Liquide limpide.
Bi-chlorure de mer-cure	$0^{gr},10$	= Liquide limpide.
Bi chlorure de mer-cure	$0^{gr},20$ et $0^{gr},30$	= Solution partielle.
Bi-chlorure de mer-cure	$0^{gr},40$ et $0^{gr},50$	= Pas de solution.

Ainsi 10 centigrammes de bi-chlorure de mer-cure dans 25 centigrammes de liquide ne s'opposent pas à la digestion. Avec 20 centigrammes et 30 centigrammes, il est bon de remarquer que la partie de fibrine dissoute est entièrement transformée en peptones.

SELS DE PLOMB ET D'ARGENT.

A cause de l'insolubilité des chlorures de plomb et d'argent, nous avons remplacé dans les essais l'acide chlorhydrique par l'acide nitrique. C'est avec un acide de $1.25\,^o/_{oo}$ que nous avons obtenu les meilleurs résultats :

Nitrate de plomb de	$0^{gr},50$ à 1^{gr}	= Pas de solution.
» »	$0^{gr},10$ à $0^{gr},25$	= Précipité abondant.
Nitrate d'argent de	$0^{gr},50$ à 1^{gr}	= Pas de solution.
» »	$0^{gr},10$ à $0^{gr},25$	= Précipité abondant.

Ces sels paraissent donc agir avec plus de netteté que les sels de mercure, mais il y a lieu de
tenir compte de la substitution de l'acide nitrique
à l'acide chlorhydrique.

SELS DE FER.

Proto-chlorure de fer de	$0^{gr},05$ à 1^{gr}	= Liquide limpide.
Sulfate ferreux	$0^{gr},05$ à $0^{gr},50$	= » »
Lactate ferreux	$0^{gr},05$	= » »
» »	$0^{gr},10$ à $0^{gr},25$	= Précipité.
Perchlorure de fer (solut. à 30°)	2 gouttes	= Liquide limpide.
Perchlorure de fer (solut. à 30°)	4 à 8 gouttes	= Liquide louche.
Fer réduit	$0^{gr},05$	= Liquide limpide.
» »	$0^{gr},10$	= Faible louche.
» »	$0^{gr},25$	= Précipité abondant.

En doublant la quantité d'acide chlorhydrique
dans cet essai on n'a plus qu'un faible louche avec
25 centigrammes de fer réduit. L'obstacle apporté
à la transformation provenait, comme on le voit,
de la saturation partielle de l'acide chlorhydrique
par le fer.

TARTRATE DE FER ET DE POTASSE.

$0^{gr},05$ pepsine, tartrate de potasse et de fer	$0^{gr},05$	= Liquide limpide.
$0^{gr},05$ pepsine, tartrate de potasse et de fer	$0^{gr},10$	= Précipité.
$0^{gr},05$ pepsine, tartrate de potasse et de fer	$0^{gr},25$ à $0^{gr},50$	= Pas de solution.

TARTRATE DE FER ET DE POTASSE.

0^{gr},10 pepsine, tartrate
de potasse et de fer 0^{gr},05 à 0^{gr},10 = Liquide limpide.
0^{gr},10 pepsine, tartrate
de potasse et de fer 0^{gr},25 à 0^{gr},50 = Pas de solution.

On obtient les mêmes résultats avec le tartrate de fer et d'ammoniaque, et ils ne sont pas modifiés en portant à 20 centigrammes la quantité de pepsine.

Citrate de fer ammoniacal de 0^{gr},05 à 0^{gr},50 = Liquide limpide.

On voit que les préparations de fer à dose modérée n'agissent pas d'une manière fâcheuse sur la fermentation peptique.

ACTION DE FAIBLES QUANTITÉS DE CERTAINS SELS.

Quelques auteurs, et Scheffer entre autres, ont cru voir qu'une très légère addition de certains sels, et en particulier de chlorure de sodium, augmentait l'action de la pepsine.

Nos essais ont été faits avec le chlorure de sodium et le phosphate de soude.

Pepsine (sans addition de chlorure) 0^{gr},01 = Précipité.
»   »   »   0^{gr},02 = Précipité faible.
»   »   »   0^{gr},03 = Liquide limpide.
Pepsine (avec addition de 0^{gr},10
chlorure de sodium par flacon). 0^{gr},01 = Précipité.
Pepsine (avec addition de 0^{gr},10
chlorure de sodium par flacon). 0^{gr},02 = Précipité.
Pepsine (avec addition de 0^{gr},10
chlorure de sodium par flacon). 0^{gr},03 = Précipité faible.
Pepsine (avec addition de 0^{gr},10
chlorure de sodium par flacon). 0^{gr},04 = Liquide limpide.

Mêmes résultats avec 5 centigrammes de chlorure de sodium.

Pour 2 centigrammes de chlorure la liqueur à 3 centigrammes de pepsine donne encore un faible louche.

L'action de la pepsine est donc un peu diminuée par la présence de faibles quantités de chlorure de sodium.

Il en est de même pour le phosphate de soude.

ACTION DES ALCALOIDES.

Sulfate d'atropine de	$0^{gr},025$ à $0^{gr},05$ =	Liquide limpide.
Chlorhydrate de morphine	$0^{gr},10$ à $0^{gr},20$ =	» »
Nitrate de pilocarpine	$0^{gr},10$ =	» »
Sulfate de quinine	$0^{gr},10$ » $0^{gr},20$ =	» »
Sulfate de strychnine	$0^{gr},05$ » $0^{gr},10$ =	» »

ACTION DE DIVERS COMPOSÉS.

Brôme	1 ou 2 gouttes =	Pas de solution.
Teinture d'iode	2 » =	Liquide louche.
» »	5 » =	Précipité.
» »	10 » =	Précipité abondant.
Chloral	$0^{gr},25$ et $0^{gr},50$ =	Précipité abondant
Essence de térébenthine, d'anis, de bergamotte, de lavande, de	5 à 20 gouttes =	Liquide limpide.
Essence d'amandes amères	5 » =	Liquide limpide.
Essence d'amandes amères	10 » =	Liquide louche.
Essence d'amandes amères	20 » =	Précipité.
Ether et benzine	5 et 10 » =	Liquide limpide.
» »	20 » =	Liquide louche.

Chloroforme	5 gouttes	= Liquide limpide.
»	10 »	= Liquide fortement louche.
»	20 »	= Précipité.
Sulfure de carbone	5 »	= Liquide louche.
» »	10 »	= Précip. peu abondant.
» »	20 »	= Précipité.
Phénol ou acide phénique	$0^{gr},05$	= Louche.
Phénol ou acide phénique	$0^{gr},10$	= Faible précipité.
Phénol ou acide phénique	$0^{gr},25$	= Précipité abondant.

Schiff (1) dit que dans toute digestion artificielle on peut remplacer l'acide stomacal par les acides connus. Assimilant le phénol à un véritable acide, il l'a trouvé parfaitement analogue aux autres acides dilués en ce qui concerne son action sur l'albumine.

Nous avons donc cru devoir expérimenter l'action de l'acide phénique seul et sans addition d'acide chlorhydrique.

$0^{gr},05$ pepsine, acide phénique de 4 à 40 $^0/_{00}$ = Pas de solution.
$0^{gr},10$ » » » » » = » »

Cet acide ne permet donc pas à la pepsine d'effectuer même la solution de la fibrine.

Sucre de canne de	$0^{gr},50$ à 4^{gr}	= Liquide limpide.
Glycérine de	$0^{gr},50$ à 1^{gr}	= Liquide limpide.
»	2^{gr}	= Précipité peu abondant.
»	4^{gr}	= Précipité.

(1) *Leçons sur la physiologie de la digestion*, pages 29 et 32.

Les résultats qui sont consignés dans ce travail représentent fidèlement les expériences très nombreuses faites sur les divers composés. Ils ne sont ni des minima, ni des maxima.

En augmentant ou en diminuant les proportions, soit de pepsine, soit des diverses substances, l'action exercée pourrait être toute différente.

Ces expériences, dans lesquelles les doses thérapeutiques ont été de beaucoup dépassées, nous permettront cependant d'apprécier ce qui doit se passer lors de l'administration du plus grand nombre des médicaments.

Nous voyons, en résumé, que bien peu de substances ont une action nuisible sur la fermentation peptique.

La plupart des sels qui s'opposent à la transformation de la fibrine n'agissent pas en vertu d'une action spécifique, mais parce qu'ils saturent l'acide chlorhydrique ou parce que cet acide, comme dans le cas des acétates, met en liberté un acide inactif ou moins actif.

Il est curieux de voir que l'acide sulfureux, qui agit avec tant de netteté sur les fermentations alcoolique et diastasique, a peu d'action sur la fermentation peptique.

ACTION DE L'ALCOOL

L'examen de l'action de l'alcool sur la pepsine est des plus importants et mérite notre plus sérieuse attention.

Cette action est en effet intimement liée à la question de la forme la plus convenable pour administrer ce médicament.

Je ne discuterai pas l'opinion de ceux qui prétendent que la pepsine, étant insoluble dans l'alcool, ne peut entrer dans des préparations alcooliques. Tout le monde sait, en effet, que si la pepsine et la diastase sont insolubles dans les liqueurs alcooliques concentrées, elles se dissolvent facilement dans les liqueurs alcooliques étendues. Nous en donnerons d'ailleurs les preuves les plus évidentes. Nous répondrons successivement aux questions suivantes :

1° La pepsine en solution dans l'eau est-elle précipitée par addition de 20 $^{0}/_{0}$ d'alcool en volume ?

2° Cette pepsine, n'étant pas précipitée par addition de 20 $^{0}/_{0}$ d'alcool en volume, a-t-elle perdu une partie de ses propriétés digestives ?

3° Les liqueurs alcooliques de pepsine conservent-elles longtemps leurs propriétés digestives ?

4° Quel degré alcoolique peuvent avoir les liquides sans entraver l'action de la pepsine ?

1° et 2° On fait une solution aqueuse de pepsine. En ajoutant à cette solution 20 $^0/_0$ d'alcool en volume, elle reste presque transparente. Elle est filtrée seulement quelques heures après et voici les résultats obtenus en chauffant douze heures à 40°.

ESSAI PAR LA FIBRINE.

Liqueur sans addition d'alcool 3^{cc} = Précipité peu abondant.
Liqueur sans addition d'alcool 4^{cc} = Liqueur limpide.
Liqueur additionnée d'alcool
   et filtrée 4^{cc} = Précipité peu abondant.
Liqueur additionnée d'alcool
   et filtrée 5^{cc} = Liqueur limpide.

ESSAI PAR 5 GRAMMES BLANC D'ŒUF COAGULÉ.

Liqueur sans addition d'alcool 3^{co} = Louche.
Liqueur sans addition d'alcool 4^{cc} = Liquide limpide.
Liqueur additionnée d'alcool
   et filtrée 4^{cc} = Faible louche.
Liqueur additionnée d'alcool
   et filtrée 5^{cc} = Liqueur limpide.

On voit que les résultats sont absolument identiques en tenant compte de la dilution provenant de l'addition d'alcool. Dans les essais par le blanc d'œuf tout était dissous en quatre heures.

Cette expérience si facile à répéter permet de répondre affirmativement aux deux premières questions.

3° N'ayant pas de simples solutions alcooliques de pepsine, j'ai dû prendre des élixirs de pepsine préparés au vin de Frontignan et qui avaient conservé une odeur et un goût agréables.

Pour faire l'essai des vins et des élixirs, il est nécessaire de se rappeler que :

1° Une certaine dilution de l'alcool est nécessaire.

2° L'acide que renferment ces préparations agit beaucoup moins que l'acide chlorhydrique. Il faut donc ajouter de l'acide chlorhydrique, et la proportion qui m'a paru dans ce cas la plus favorable est celle de 3 $^0/_{00}$.

Je me contenterai de citer la dernière série d'expériences consignées dans notre livre de laboratoire à la date du 12 mai 1880. On a pris pour chaque essai 5 centimètres cubes d'élixir, complété avec de l'eau, 25 centimètres cubes ; puis on a ajouté 5 grammes de blanc d'œuf coagulé et on a chauffé à 40°.

Élixir préparé le 6 octobre 1876, après six heures de chauffage	= Solution complète.
Élixir préparé le 11 octobre 1876, après six heures de chauffage	= »
Élixir préparé le 14 décembre 1876, après six heures de chauffage	= »
Élixir préparé le 25 novembre 1878, après six heures de chauffage	= »
Élixir préparé le 6 décembre 1878, après six heures de chauffage	= »
Élixir préparé le 14 janvier 1879, après six heures de chauffage	= »
Élixir préparé le 6 mai 1879, après six heures de chauffage	= »

Élixir préparé le 21 août 1879, après
    six heures de chauffage   = Solution complète.
Élixir préparé le 11 mai 1880, après
    six heures de chauffage   =   »

Il est impossible de trouver une différence entre les élixirs préparés en 1876 et ceux préparés en 1879 et en 1880.

Je citerai une dernière expérience qui permettra d'apprécier l'importance de la quantité d'élixir employée. En opérant comme précédemment, on a :

0^{cc} élixir de pepsine; après six heures
    de chauffage   = Pas de solution de
         l'albumine.

2^{cc}, élixir de pepsine ; après six heures
    de chauffage   = Solution complète.

3^{cc}, élixir de pepsine ; après six heures
    de chauffage   =   »

5^{cc} élixir de pepsine ; après six heures
    de chauffage   =   »

10^{cc} élixir de pepsine ; après six heures
    de chauffage   =   »

20^{cc}, élixir de pepsine ; après six heures
    de chauffage   = Résidu abondant.

Une observation insuffisante des conditions d'action de la pepsine aurait pu faire considérer comme mal préparé cet élixir qui, à la dose de 2 centimètres cubes, dissout facilement 5 grammes de blanc d'œuf coagulé.

4° Il nous reste maintenant à voir quel degré alcoolique peuvent avoir les liqueurs sans entraver l'action de la pepsine.

ESSAI PAR LA FIBRINE. TEMPÉRATURE 50°

Les flacons contiennent uniformément 25 centimètres cubes de liquide à 3 grammes HCl par
litre, 5 grammes de fibrine et 5 centigrammes,
10 centigrammes ou 15 centigrammes de la pepsine
qui a servi à toutes nos expériences.

On fait varier les proportions d'alcool et les
flacons sont bouchés de manière à s'opposer à
toute évaporation.

ESSAI PAR AzO^5,HO.

$0^{gr},05$ de pepsine et	2 % d'alcool		=	Liquide limpide.
»	»	4 »	=	Liquide limpide.
»	»	8 »	=	Précipité assez abondant.
$0^{gr},10$ ·	»	2 »	=	Liquide limpide.
»	»	4 »	=	Liquide limpide.
»	»	8 »	=	Liquide limpide.
»	»	12 »	=	Précipité assez abondant.
$0^{gr},15$	»	2 »	=	Liquide limpide.
»	»	4 »	=	Liquide limpide
»	»	8 »	=	Liquide limpide.
»	»	12 »	=	Précipité assez abondant.

Pour répondre à l'objection qui pourrait être
faite relativement à l'évaporation de l'alcool, nous
avons distillé les liqueurs à 8 % après le séjour à
l'étuve et nous avons obtenu après correction de la
température 7°,8 à l'alcoomètre centésimal.

En doublant la quantité de pepsine, nous avons
donc pu facilement opérer la transformation totale
de la fibrine dans un milieu contenant 8 % d'alcool.

La solution de l'albumine coagulée se fait encore plus aisément :

A la température de 40° avec 5 centigrammes de pepsine, on obtient en six heures la solution complète de 5 grammes de blanc d'œuf coagulé dans des flacons contenant 5 à $10\,^{\circ}/_{0}$ d'alcool.

J'ajouterai qu'un vin de Frontignan dilué de manière à représenter une force alcoolique de $5\,^{\circ}/_{0}$ ne gêne en rien l'action de la pepsine.

En résumé, il résulte des recherches consignées dans ce travail que :

1° Le meilleur mode d'essai d'une pepsine est celui qui repose sur la transformation totale en peptones d'un poids déterminé de fibrine ;

2° La simple solution de la fibrine n'est qu'une partie, on peut dire insignifiante, de l'action de la pepsine ;

3° Il est possible de préparer des pepsines transformant mille fois leur poids de fibrine en peptones et dissolvant en quelques heures 500,000 fois leur poids de fibrine ;

4° La pepsine est un corps azoté se rapprochant de la composition des matières albuminoïdes ;

5° Certains corps qui agissent avec une grande énergie sur la fermentation alcoolique et sur la fermentation diastasique comme l'acide sulfureux ont peu d'action sur la fermentation peptique ;

6 Il n'y a pas d'équivalence entre les divers

acides au point de vue de leur action sur les matières albuminoïdes, plusieurs d'entre eux comme les acides acétique, butyrique et valérianique, étant même à peu près inactifs ;

7° La plupart des sels sont sans action spécifique sur la fermentation peptique ; quelques-uns, acétates, butyrates, valérianates, phosphates, etc., peuvent cependant l'entraver en substituant à l'acide chlorhydrique les acides moins actifs ou inactifs qui sont déplacés de leurs combinaisons salines par cet acide ;

8° Le sublimé, l'émétique n'agissent pas à des doses qui dépassent les doses médicinales ;

9° L'action des alcaloïdes est nulle ;

10° L'addition de faibles quantités de certains sels et en particulier de chlorure de sodium diminue l'action de la pepsine ;

11° Le sucre même à dose élevée n'entravant pas l'action de la pepsine, l'emploi de ce médicament sous forme de sirop est parfaitement rationnel ;

12° Les propriétés digestives d'une solution aqueuse de pepsine ne sont en rien diminuées quand on ajoute $20^0/_0$ d'alcool en volume.

Dès que le titre alcoolique est abaissé à $5 \ ^0/_0$ elle reprend toute son activité, transforme la fibrine en peptones et dissout rapidement à la température de 40° l'albumine coagulée ;

13° Les préparations à base d'élixir conservent pendant très longtemps leurs propriétés digestives (près de quatre années, dans nos expériences);

14° La pepsine étant soluble dans les liqueurs alcooliques peu concentrées et recouvrant son action dès qu'elles sont convenablement diluées, il en résulte que si, au point de vue thérapeutique, il peut être utile de proscrire dans les repas l'emploi du vin pur, la faible quantité d'alcool introduite dans l'estomac sous forme de vin ou d'élixir de pepsine peut être absolument négligée.

Ces préparations permettent d'administrer le médicament en solution et dans l'état le plus favorable à une action rapide.

Leur degré alcoolique ne dépassant pas 16 à $18\,^o/_o$, il suffira qu'elles soient étendues de 2 parties d'eau pour recouvrer toute leur activité.

Cette dilution est nécessairement produite dans l'estomac soit par l'eau des aliments, soit par celle qui est ingérée directement;

15° Le degré alcoolique des vins de table variant entre 8 et $10\,^o/_o$ se trouve abaissé à 2, 3, 4 ou $5\,^o/_o$ selon la quantité d'eau ajoutée. On se trouve donc dans des conditions favorables à l'action de la pepsine et il n'est même pas nécessaire d'invoquer l'absorption très rapide de l'alcool, signalée par tous les expérimentateurs;

16° Les substances réellement incompatibles et qui agissent d'une façon en quelque sorte spécifique sur la pepsine sont le brome, l'iode, le chloral, l'acide salicylique, l'acide gallo-tannique, et à un moindre degré l'acide benzoïque et le phénol ou acide phénique.

Je publierai prochainement le résultat d'expériences analogues que je poursuis depuis longtemps sur la diastase et la pancréatine.

FIN

1821-80. — Corbeil, typ. et stér. Crété.

BIBLIOTHEQUE NATIONALE DE FRANCE
3 7531 03086231 3

9 782014 059755